图说中国

盆景

艺术

北京植物园

张宝鑫 魏钰 李凯

编者

主编：张宝鑫　魏　钰　李　凯

编者：郭晓波　张　满　薛晓飞　白　旭　李跃超　杨　庭　付彦荣　陈　娇　卢珊珊　冯玉兰　潘　翔　袁　梦　孙　伟　孟　妍

前　言

进入中国特色社会主义新时代，主张增强民族文化自信，倡导“绿水青山就是金山银山”，与传统园林关系密切的盆景艺术正可以引导人们追求人与自然和谐，追求绿色发展繁荣，追求热爱自然情怀，形成更为深刻的人文情怀。

本书以图文并茂的方式，尽可能深入浅出地解读中国盆景艺术。在整合国内外盆景研究进展的基础上，从科普角度阐释盆景的发展演变、艺术特征和文化内涵，希望通过普及相关知识，能让更多的人了解盆景、喜爱盆景。在此感谢那些在盆景的研究、普及与推广中的先行者。本书引用了部分既有盆景研究的图片（包括线描图），在此向原作者致敬。

由于编写时间紧迫，本书编者水平所限，难免有不足或不当之处，在此恳请广大读者批评指正。

优秀传统文化代表着中华民族独特的精神标识，形成了中国人的思维和行为方式，支撑着中华民族历经五千余年生生不息、代代相传、傲然屹立。钟灵毓秀的大地山川，积淀深厚的历史文化，孕育了源远流长、博大精深的中国园林和盆景艺术，这两者成为优秀传统文化的重要符号和典型代表，也是东方文明的有力象征。盆景艺术与中国园林的发展相谐相生，都反映了人们对自然的深刻思考，反映了人们诗意栖居的理想，也反映了人与自然和谐的向往。

作为有生命的艺术品，中国盆景师法自然，缩龙成寸，在盆器中浓缩树木、山石等自然景物，咫尺之地再造乾坤，集自然美与艺术美于一身，在漫长的历史发展过程中融合了传统文化的内涵，终成传统艺术宝库中的一朵奇葩。

目 录

第 1 章

盆景艺术概述

盆景是中国优秀传统艺术之一，是以植物和山石作为基本材料，在盆内表现自然景观并借以表达作者思想感情的艺术品（图1-1），被誉为"立体的画"和"无声的诗"。盆景艺术起源于中国，历代盆景制作者用自己的聪明智慧和辛勤汗水制作出各种类型的盆景，使之成为一种内容丰富、形式多样的文化艺术创作活动。

图 1-2

图 1-3

盆景缩龙成寸，是大自然景物的缩影。盆景艺术师法自然，
巧夺天工是人们融汇园艺栽培、文学、绘画等艺术形式，创
作出的一种综合性的造型艺术。盆景在中国传统园林中较为
常见，在古代庭院和园林中有各式各样的盆景，江南园林中
很多都设有专门的小型盆景园（图 1-2），现代公园中也多有
专设的盆景园（图 1-3）。

图 1-1　中国园林博物馆藏盆景艺术作品
图 1-2　苏州留园内盆景园
图 1-3　北京植物园内盆景园

015

中国盆景艺术历史悠久、源远流长，具有独特的艺术特征，影响深远。在漫长的盆景形成和发展过程中，出现的历史称谓较多，如汉代称为"缶景"，隋唐则有"盆池""盆栽"等称呼，宋代称为"盆玩""盆山""盆景"等，明代称为"盆玩""盆景"和"盆中景""盆花"等，这些称谓虽不完全等同于现在的盆景；但作为一种重要的因素，成为庭院中常见极为雅致的装饰景观（图1-4）。

图1-4 明代绘画《睿庭行乐图》中的盆景
〔图片来源：南京博物院〕

图 1-4

盆景的组成

盆景是由景、盆和几架三个基本要素组成（图 1-5），这三个要素相互联系、相互影响、三位一体、缺一不可。景、盆、几架三要素相互配合、主次分明，"景"在盆景中为主体部分，盆、几架则为从属部分。评价优秀的盆景作品，要看盆和几架在形状、体积、色彩等方面是否与景相互协调，好的盆景要能达到"一景二盆三几架"的协调统一。

除了以山石、植物等自然材料构成的"天然"盆景外，古代宫廷中还有一种工艺盆景（图 1-6、图 1-7），这些所谓的工艺盆景严格来说并不是真正的盆景，它们使用各类珍贵金属、稀有宝石为材料，以惟妙惟肖地模仿盆景为主，是工艺美术与盆景艺术的融合，表达吉祥美好的寓意，成为宫廷文化不可或缺的一部分。

图 1-5　盆景结构示意图
图 1-6　清代宫廷工艺盆景 I
　　　　（图片来源：故宫博物院）
图 1-7　清代宫廷工艺盆景 II
　　　　（图片来源：故宫博物院）

景 ------

盆 ------

几架 ------

图 1-5

图 1-6

图 1-7

插花、盆景与盆栽

我们生活中经常会遇到盆景、盆栽和插花等不同的形式（图1-8），它们都是将植物置于盆器或瓶中，但相互之间的区别较为明显。盆栽和盆景从形式上和内容上更为接近，其实盆景与盆栽有本质的区别，盆栽只是将植物栽种于花盆中，供人们观赏植物的四时变化，其审美的对象只在于枝叶、花朵、果实等较为突出的观赏性状（图1-9）。

植物盆景可以说是从盆栽进一步提高发展起来的，盆景不仅要达到盆栽的观赏目的，还必须通过精心的艺术造型，表现出无穷的诗情画意。盆景寄托了作者的艺术情感，是景致与情感的交融，是自然美与艺术美的有机结合（图1-10），而且盆景还可以有山石等其他要素的点缀，或者有以奇石为主的盆中景观（图1-11）。

图1-8　清·庄豫德《清供图》中的盆景、插花和盆栽
（图片来源：北京保利国际拍卖有限公司拍品）

图1-9　清·沈全《墨牡丹》中的植物盆栽
（图片来源：台北"故宫博物院"）

图1-10　清·丁观鹏《宫妃话宠图》（局部）中的植物盆景
（图片来源：故宫博物院）

图1-11　明·仇英《汉宫春晓图》（局部）中的山石盆景
（图片来源：台北"故宫博物院"）

图 1-8

图 1-9

图 1-10

图 1-11

插花是将剪切下来的植物的枝、叶、花、果作为素材，经过一定的技术（修剪、整枝、弯曲等）和艺术（构思、造型、设色等）加工，重新组合成一件精致完美、富有诗情画意、能再现自然美和生活美的花卉艺术品。插花也是以欣赏植物为主，但并非栽植活植物，而是将其插在瓶、盘、盆等容器中（图 1-12）。

图 1-12　清代以插花为主题的绘画作品

中国的盆景具有独特的艺术魅力，是一种与众不同的艺术品，具有其与众不同的特性：盆景把自然景物缩小于盆钵之中，实现缩龙成寸、以小见大；使用树木花草等活体植物，展现四季景观，生机盎然，得自然之趣；对各种要素进行巧妙艺术构思，形成的作品能够生发丰富联想，追求意境深远、触景生情；种类造型多样、流派众多（图 1-13）。

图 1-13　元·张中（传）古瓷九种（手卷）
（图片来源：香港佳士得有限公司拍品）

我国盆景对于世界盆景艺术，甚至园林艺术影响深远、贡献巨大。唐代时期盆景传入日本，日本一直延续我国唐代对盆景的称呼——盆栽（BONSAI），类似的艺术形式有钵山或占景盘（图1-14），其中也能看出文化的影响。盆景后经由日本传入西方国家，目前日本盆景事业繁荣，欧美等国家盆景技艺也发展迅速。

图 1-14　日本盆景样式

　　（图片来源：路江武摔画《古猨盆图式》）

根植于积淀深厚的中国传统文化，我国的现代盆景艺术得到快速发展，出现了许多可喜的创新成果，涌现出一大批优秀的盆景人才和高水平的盆景作品（图 1-15、图 1-16）。经过系统的艺术理论总结，当前盆景学已成为专门的大学课程。中国盆景艺术已成为中国传统文化中一项优秀传统技艺和文化艺术瑰宝，包括川派、扬派在内的盆景技艺已经被列入国家级非物质文化遗产名录，中国盆景艺术也成为全人类的共同文化遗产，我们应更好地保护、传承和发展中国优秀的传统盆景文化，使之更好地发扬光大。

图 1-15

图 1-15　当代盆景作品（图片来源：中国园林博物馆）

图 1-16　盆景作品"雄狮回首"（图片来源：中国园林博物馆）

图 1-16

第 2 章

盆景的构成

植物

植物是盆景中"景"的主要材料，中
国传统盆景中可以使用的植物种类有
很多。用作盆景的植物以树木居多，
当然也有菖蒲、兰花、水仙、菊花等
草本植物（图 2-1 ～图 2-4）。一般来
说，盆景树木可以分为松柏类、杂木类、
观花类、观果类、草本类这五大类别，
适合用作盆景树木的选择标准应该是：
树蔸（dou）怪异，悬根露爪，枝干耐
修剪绑扎，枝细叶小节间短，抗逆性强，
病虫害少，耐移植，最好有花有果。

清代苏灵《盆玩偶录》和张桐《盆树小品》中将盆景植物划分成四大家、七贤、
十八学士和花草四雅四大类。

四大家：金雀、黄杨、迎春、绒针柏。

七贤：黄山松、璎珞柏、榆、枫、冬青、银杏、雀梅。

十八学士：梅、桃、虎刺、吉庆、枸杞、杜鹃、翠柏、木瓜、蜡梅、天竹、山茶、
罗汉松、西府海棠、凤尾竹、紫薇、石榴、六月雪、栀子花。

花草四雅：兰、菊、水仙、菖蒲。

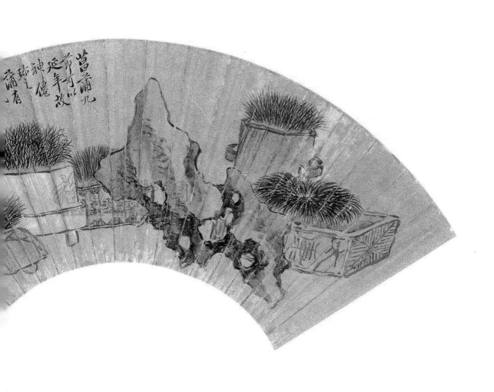

图 2-1　清·黄山寿《蒲石清供图》扇面
〔图片来源：上海崇源艺术品拍卖有限公司拍品〕

图 2-2

图 2-3

图 2-4

盆景树木用作造景观赏，与自然界中
自然生长的树木从树形上明显不同。
认识和欣赏盆景必须首先分清楚树桩
盆景中树木各部分的名称（图 2-5）。

树干：从根颈到第一主枝间的主体部分，又叫树身。

主枝：树干上长出的粗壮部分，由下而上可依次分为第一主枝、第二主枝……

侧枝：主枝上长出的枝条，由内而外依次为第一侧枝、第二侧枝……

鸡爪枝：枝片顶部形似鸡爪的年幼而多的细小枝条，是对枝条长期短截的结果。

叶片：即树叶层，是植物进行光合作用的营养工厂。

枝片：是主枝、侧枝、鸡爪枝和叶片的总称。

顶片：桩景顶部的枝片。

根颈：树干和树根的结合部位。

主根：由胚根发育而成，盆景植物中多将主根截去以促进须根的发生。

侧根：根颈下部长出的粗根群，盆景中的提根主要指侧根，供观赏。

须根：生长在侧根上吸收养分的细根群。

顶片

主枝2

树干

根颈

鸡爪枝

侧枝

主枝1

侧根

须根

图 2-5　盆景树体结构示意图（引自彭春生《盆景学》）　　　　　　　043

2.2

山石

山水盆景是自然山水景观的缩影，一些植物盆景中也常有山石点缀。盆景制作中经常使用的石料可以分成两类：一种是质地比较柔的软石类，另一种是质地坚硬的硬石类。软石类质地松，容易雕琢加工，易吸水长苔，常见的石料有砂积石（图 2-6）、浮水石、芦管石、海母石（图 2-7）等；硬石类质地硬，加工困难，天然纹理优美，形状奇特，常见的石料有太湖石（图 2-8）、英石（图 2-9）、钟乳石、灵璧石等。

图 2-6

图 2-7

图 2-6　砂积石（图片来源：网络）

图 2-7　海母石（图片来源：网络）

045

图 2-8

图 2-9

图 2-8 中国园林博物馆馆藏太湖石

图 2-9 中国园林博物馆展园内的英石

047

盆器

盆器又叫盆盎，不仅是景物的容器，也是一种具有较高观赏价值的艺术品。与盆景种类相对应，盆器主要也可分为桩景盆和山水盆两大类，其性质各异（图2-10）。桩景盆底部有排水孔，多用紫砂盆和釉陶盆，形状各异；山水盆没有排水孔，多用大理石、汉白玉或陶制的浅口盆，以长方形和椭圆形为多。

清·乌泥涡口云足圆盆

民国·紫砂盆

清·士芬款长方形刻画盆

清·霁蓝描金开光粉彩山水花卉六方花盆

图 2-10　中国园林博物馆中收藏的部分盆器

049

2.4

几架

十一

几架又称为几座，是用来陈设盆景的
架子，不同的盆景需要配置不同的几
架。一般来说，按照构成可以分为木
质几架、竹质几架、陶瓷几架、水泥
几架和铁艺几架等，木质几架多用红
木、楠木、柚木、紫檀、黄杨等名贵
硬质木材制成，也可用天然树根加工。
几架的传统形式可分为明式和清式两
类：明式造型古雅，结构简洁；清式雕
镂刻花，结构精致（图2-11）。

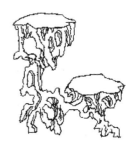

十二

十三

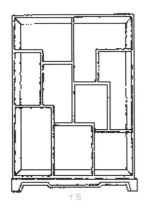

十五

十四

　图 2-11　各种盆景几架（图片来源：网络）

六

七

八

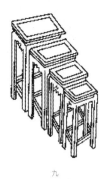

九

十

一

二

三

四

五

第 3 章

盆景发展简史

中国盆景历史悠久，艺术成就辉煌，发展到现在，从时间上大致可分为八个发展阶段，逐步形成了独立的艺术形式。

盆景起源于中国，源于人类的社会劳动实践，但是起源于哪个时代却是众说纷纭。有新石器时期起源说、东汉起源说、唐代起源说等很多种，但是目前一般认为起源于新石器时期，依据主要是目前发现最早的盆栽植物图案，但也有观点认为所刻画的图像并不是容器栽植的植物，而是圣坛中的植物。

图 3-1

图 3-2

植物盆景可以说是由盆栽发展而来，古代园艺栽培技术的发展奠定了植物盆景形成的重要内容，陶盆等容器的制作则为盆景的形成提供了基础和载体（图 3-1）。1977 年在我国浙江余姚河姆渡遗址发现了两块刻有盆栽图案的陶器残块，距今大约有 7000 年。陶块上刻画的是在有短足的长方形花盆内，有一株五叶的疑似万年青状的植物，中间的一片叶子挺拔向上，另外四片叶子对称地分到两侧，能看出叶脉的勾画（图 3-2），此外还有一块陶块上刻画的盆中有三叶纹植物，这是我国乃至世界上迄今为止发现最早、最接近盆栽形象的图案，可以看作是盆景的原初形式。

图 3-1　新石器时代的刻画黑陶盆（图片来源：网络）
图 3-2　浙江余姚河姆渡文化遗址出土的陶块（图片来源：网络）

汉代，人们在宫苑建中把广阔大自然中的景物限制和浓缩在一定空间内，也热衷于把自然景观进一步缩小到一个容器中，这就是壶中天地的故事及对缩地术的浪漫想象。《神仙传》记载了身怀缩地术的壶公，"能缩地脉，千里存在目前"，并将其传授给了费长房，《汉书》中也记载了费长房与壶公入壶中感受其中的天地景物，《西京杂记》则记载了汝南王喜好的方士有"画地成江河，撮土为山岩"之术，这其中描述的微观世界，正如宋代《五灯会元》中"一粒粟中藏世界，半升锅中煮乾坤"，这些神仙思想影响了园林的演进也影响到盆景艺术的发展，考古发现的汉代十二峰陶砚可以看作是这种思想的物化见证物（图3-4），也有研究者认为出现了"缶景"这种具有艺术盆景性质的形式。这一时期表现大海和仙山景象的博山炉的出现，植物栽培技术发展，都为盆景的形成和发展奠定了重要的思想和技术基础（图3-5）。河北省望都县出土的东汉墓壁画中绘有圆盆，盆内有六枝红花，盆下配有方形几架，植物、盆盎和几架形成一个整体，与现代的盆景艺术非常相似，但其实这种形式更类似于插花（图3-6）。河北安平东汉墓壁画中出现了盆山的最早形象（图3-7），可以看作是中国山水盆景的滥觞。

图3-3

图 3-4

图 3-3　费长房壶公的故事（图片来源：网络）

图 3-4　汉代十二峰陶砚（图片来源：网络）

图 3-5　河北省满城汉墓出土的博山炉（图片来源：网络）

图 3-5

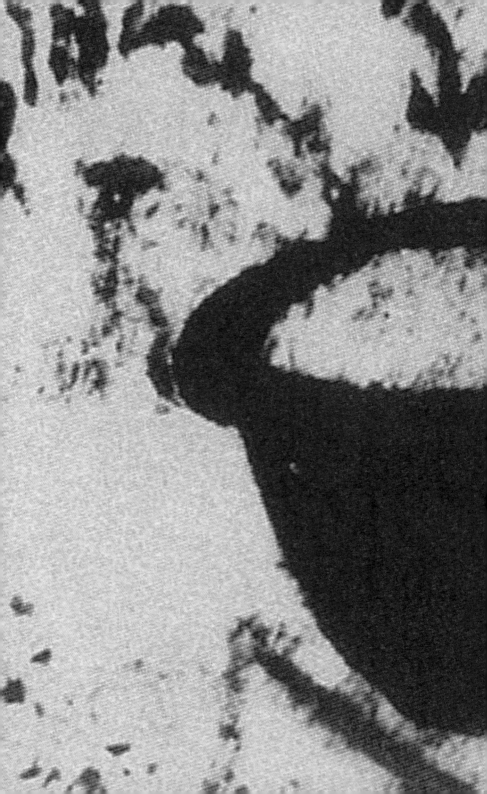

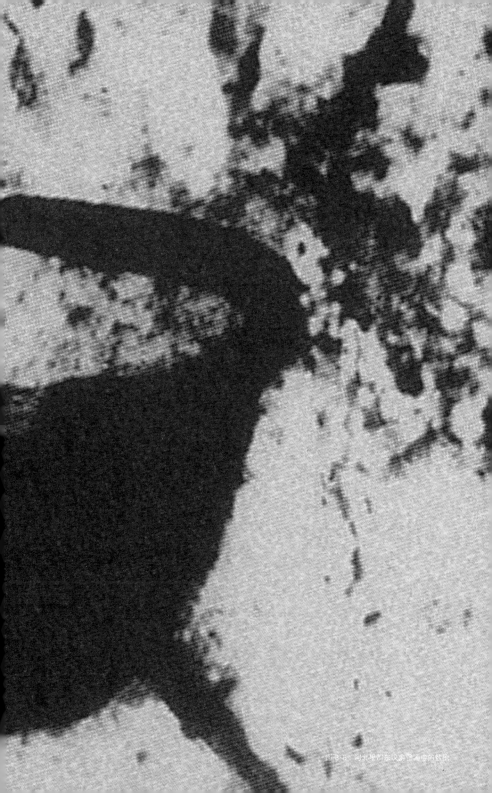

图9-6 河北藁城东汉墓壁画中药材店铺

图 3-7　河北东汉墓壁画中持者手承銶山的形象

魏晋时期盆景艺术发展

魏晋南北朝时期，隐逸文化的流行使寄情山水、欣赏自然成为时尚。这一时期的园林营造规模由大变小，开始模仿自然景色和堆砌假山。在艺术创作中，山水已经渐渐摆脱作为人物画背景的位置，出现了独立的山水画。南朝画家宗炳将平生所游览的山水绘成图画挂在室内墙壁以供卧游，其所著《画山水序》中曰："昆阆之形，可围于方寸之内，竖划三寸，当千仞之高，横墨数尺，体百里之迥"，可以看出山水画论与盆景艺术具有共通之处。这些艺术理论为盆景的正式出现和唐宋以后盆景的兴盛奠定了重要基础。

图 3-8　北齐崔芬墓壁画中的盆山形象
图 3-9　北魏司马金龙墓屏风漆画中的盆山形象（图片来源：网络）

魏晋时期山石已成为独立的观赏对象，南朝梁萧子显在《南齐书》中"会稽剡县刻石山，相传为名"，其中会稽为秦代设置的郡名。北齐崔芬墓壁画中有一幅描绘浅盆内伫立着玲珑秀雅的山石，主人正在品赏盆中的景物（图 3-8）。北魏司马金龙墓五块屏风漆画，其中《列女古贤图》中两人物之间，有一圆形盆山，说明此时期盆山已经出现在官宦的室内装饰中（图 3-9）。

图 3-8

图 3-9

隋唐时期盆景的兴盛期

隋唐是我国盆景发展的兴盛阶段。唐代诗歌、绘画、雕塑文化艺术取得辉煌成就，促进了盆景艺术的形成和快速发展，桩景、山水盆景、附石盆景和石供几大类别已基本齐备，虽尚未出现盆景一词，但制作者已将山水画创作理论用于盆景制作，追求盆景意境美，盆景艺术开始向诗情画意方向发展。

制作和赏玩盆景在民间和宫廷广泛流行，对盆景的鉴赏也达到一定程度。唐代章怀太子李贤墓内有侍女双手托盆景的壁画，盆景中有小型山石和两棵小树，该盆景形似现代的树石盆景或水旱盆景，这是我国唐代盆景艺术兴盛发展的重要历史见证（图3-10）。此外，冯贽《记事珠》中记述："王维以黄瓷斗贮兰蕙，养以绮石，累年弥盛"，可见这也是一种山石和植物搭配的盆景。唐代诗人李贺曾作过《五粒小松歌》："绿波浸叶满浓光，细束龙髯铰刀剪"，体现了树木盆景的修剪方法。从唐代开始盆景随着佛教和其他文化传入日本，日本将"盆栽"（BONSAI）一词沿用至今，可见这一时期盆中的景物还是以植物为主。

从现存台北故宫博物院的《职贡图》可以看出山石鉴赏的趋向，图中的盆石形象则为山水盆景发展研究的重要资料。唐代卢棱伽《六尊者像》中表现了敬献盆景和怪石的情景（图3-11、图3-12）。陕西省西安市中堡村唐墓出土的三彩山池是表现浓缩自然山水的艺术品，体现了一种精神方面的追求（图3-13），与盆景艺术有异曲同工之妙。

图 3-10　唐代章怀太子墓壁画中的山水盆景形象

图 3-11　唐代《职贡图》中的盆石
（图片来源：台北"故宫博物院"）

图 3-12

图 3-13

图 3-14

宋代盆景在继承唐代盆景的基础上进一步发展，开始分为树木盆景与山水盆景两大类，石附式盆景也有了文字记载，主要是赏石和观赏植物的有机结合，将树木花草和奇岩怪石巧妙地结合在一起，浑然一体，从而更加贴近自然，是更具有观赏性的一种盆景造型形式。这一时期不论宫廷还是民间，盆景均成为生活的重要内容（图3-14～图3-17），奇树怪石作为赏玩品蔚然成风，由此山水盆景制作技艺也显著提高。宋画《十八学士图》中绘有老干虬枝、悬根出土的古松盆桩，可看出高超的盆景制作技艺（图3-18）。扬州瘦西湖的宋代花石纲遗物，由钟乳石制作而成，盆形石头上山峦起伏、溪壑渊深，体现了宋代山水盆景的典型特征（图3-19）。盆景也成为宋代诗人吟咏的对象，有了对盆景的题名之举，还出现了盆景假山制作的文字总结。吕胜己《江城子·年年腊后见冰姑》中有"且傍盆池，巧石倚浮图"的句子；诗人范成大曾在奇石上题"天柱峰"、"小峨眉"、"烟江叠嶂"等名称，开始为盆景题名；关于山水盆景的制作方法，赵希鹄在《洞天清录·怪石辩》记述较为详细："怪石小而起峰，多有岩岫耸秀，镶嵌之状。可登几案观玩，亦奇物也；色润者固甚可爱玩，枯燥者不足贵也。道州石办起峰可爱，川石奇耸；高大可喜，然人力雕刻后，置急水中舂撞之，纳之花栏中，或用烟熏，或染之色，亦能微黑有光，宜作假山"，可见那时期制作假山的方法与今日大致相同。

图 3-15　宋代《明皇窥浴图》中的松树盆景和盆栽荷花盆景
（图片来源：西泠印社拍卖有限公司拍品）

图 3-16

图 3-16 宋徽宗《听琴图》中的植物盆景（局部）
　　　　（图片来源：故宫博物院）
图 3-17 宋·李公麟《孝经图》中的盆景
　　　　（图片来源：美国大都会艺术博物馆）

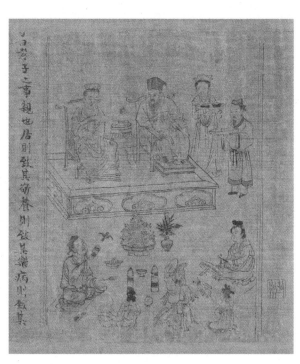

图 3-17

图 3-18

图 3-18 宋画《十八学士图》中的植物盆景
       〔图片来源：台北"故宫博物院"〕
图 3-19 扬州瘦西湖的宋代花石纲遗物

图 3-19

自唐代至宋代以来，树木盆景和山水盆景体积仍然较大，元代盆景则实现了
体量小型化的飞跃，这对盆景的普及和推广起到了重要的促进作用（图3-20），
松石盆景是这一时期典型形象。元代高僧韫上人云游四方，饱览祖国名川大
山，打破传统格局，擅长制作小型化的盆景，称之为"些子景"，"些子"就
是小的意思。元末诗人丁鹤年《为平江韫上人赋些子景》："咫尺盆池曲槛前，
老禅清兴拟林泉。气吞渤澥波盈掬，势压崆峒石一拳。仿佛烟霞生隙地，分
明日月在壶天。旁人莫讶胸襟隘，从来毫发立大千"，可以看出，些子景与
现代的中型盆景差不多，但是与微型盆景还有一定差别。这一时期的壁画中
可以看出树木盆景和山石盆景的形象（图3-21）。此外，元代佚名《居家必
用事类全集》中出现了"盆花树"及其栽植方法，"凡种盆花树，必先要肥土"。

图3-20

图 3-21

图 3-20　元·李士行《偃松图》
图 3-21　永乐宫壁画中的山石盆景
077

明清时期，随着园艺技术的发展，暖房培育花卉带动了盆栽的发展，一些植物通过盆栽的形式进行培育，或直接在暖房中培育盆景（图 3-22），盆景的养护技术也在不断进步（图 3-23）。盆景技艺更趋成熟，相关专著纷纷问世，在理论上得到了飞跃和升华，对盆景树种和石品都有了较为系统的论述。盆景较多出现在表现文人园居的绘画、文学等艺术作品中（图 3-24），由此在社会上得到了很好的普及，在人们的生活中经常出现（图 3-25），成为诗雅致生活的重要点缀（图 3-26、图 3-27），尤其是宫廷庭院中盆景的摆设较多（图 3-28、图 3-29）。盆景类别形式更加多样，除山水盆景、旱盆景、水旱盆景外，还有珊瑚盆景（图 3-30）、带瀑布的盆景及枯艺盆景，植物盆景的种类也多种多样（图 3-31），梅花等具有特殊文化底蕴的植物盆景较为流行（图 3-32 ~ 图 3-34）。在盆景制作和欣赏方面，明代屠隆《考盘余事》"盆玩"部分写道："盆景以几案可置者为佳，其次则列之庭榭中物也"，同时提出了以古代画家笔下的古树作为参照对象进行盆景创作的方法；清代陈淏子《花镜》中有种盆取景法，专门讲盆景用树方法；清代李斗《扬州画舫录》提到乾隆年间扬州已有花树点景和山水点景创作，并有制成瀑布的盆景，"家家有花栽，户户养盆景"；嘉庆年间五溪苏灵《盆景偶录》等著作中重点叙述了树桩盆景，并把盆景植物分成"四大家"、"七贤"、"十八学士"和"花草四雅"，可以看出盆景植物选择和应用的丰富，也可以看出盆景植物被赋予了文化内涵。

图 3-22　清代温室培育盆栽植物（图片来源：法国国家图书馆）

图 3-23

图 3-23　清代绘画中可见到的盆景植物养护

图 3-24　清早期的仕女投壶白蜡插屏（图片来源：网络）　　　　图 3-24

图 3-25　明代绘画中的盆景

图 3-26

图 3-27

图 3-26　清代绘画《燕寝怡情》中的盆景

图 3-27　清代绘画中的盆景形象（图片来源：故宫博物院网站）

图 3-28

图 3-28 明代《明宪宗行乐图》中的盆景
（图片来源：中国国家博物馆）
图 3-29 清代《万寿庆典图》中的盆景
（图片来源：网络）

图 3-29

图 3-30 明·仇英《职贡图》（局部）中的珊瑚盆景

（图片来源：故宫博物院）

盆中景

图 3-31

090

图 3-32

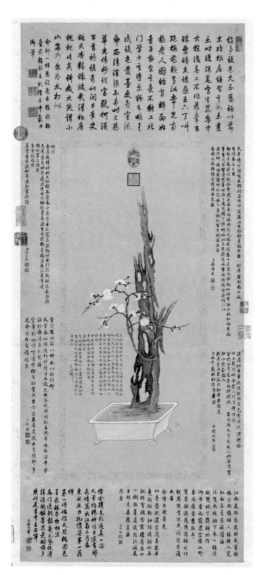

图 3-33

图 3-34

3.8
近现代盆景传承发展

清朝末年至"中华民国"时期，社会动荡不安，盆景方面并没有太大进展，盆景名称仍然是"盆栽"、"盆玩"、"盆植"等混用，留存的绘画作品中庭院内放置盆景仍然较为常见（图3-35），那个时期的一些老照片中经常能看到盆景的身影（图3-36），盆景也仍然是"岁朝图"等的重要题材所表现的内容（图3-37）。民国时期盆景事业日趋衰败。新中国成立后，盆景进入了恢复发展时期，政府针对这一宝贵文化遗产制定了保护、发展和提高的相关政策，20世纪五六十年代，盆景、盆栽及盆植等名称开始明确区分开来。1959年，陈毅元帅在成都南郊公园参观盆景展览并题词"高等艺术，美化自然"（图3-38），盆景成为公园和生活居住中常见的陈设艺术形式。70年代末期，盆景开始分为"树木盆景"、"山水盆景"和"水旱盆景"三类，盆景名称得以确定。1979年中华人民共和国成立30周年之际，在北京北海公园举办了全国盆景艺术展览。1981年成立中国花卉盆景协会，关于盆景的论著、期刊等如雨后春笋般涌现，盆景的商品化与产业化也得到了快速发展。

图 3-35　清·麟庆《鸿雪因缘图记》中的盆景

图 3-37

图 3-36

高举艺术
美化自然
陈毅 11.6.
1959

图 3-38

第 4 章

盆景的类别

中国盆景艺术在漫长的发展历程中，
演化出了不同类型的盆景（图 4-1），
丰富了盆景文化的内涵。

图 4-1 诗人绘画中的各种盆景作品（图片来源：台北故宫博物院）

根据制作盆景的材料性质和艺术风格等，可将盆景分成不同类别。一般来说，按照制作盆景的主要材料性质分为树木盆景和山石盆景两大类；在此基础上，按照观赏载体和表现意境的不同形式，又可细分为许多类别。在我国当前关于盆景的各类评比中，一般将盆景划分为树木盆景（树桩盆景）、竹草盆景、山水盆景（山石盆景）、树石盆景、微型组合盆景和异形盆景六类。

规则式

4.1
树木盆景

树木盆景常以老树桩加工而成，故有树桩盆景之称。盆中以树木为主题，配以山石、草苔、摆件等，表现山野孤木或茂林的意境。树木盆景按照构图形式通常可分为规则式、象形式和自然式三类（图 4-2）。规则式盆景多为传统样式，有一定的规范程式，造型工整严谨，适合厅堂或大门口对称布置。自然式盆景造型活泼多变，以树干的造型来分，又分为直干式、斜干式、卧干式、悬崖式、枯干式等不同类型；以树干多少可分为单干式、双干式、一本多干式和丛林式等；以根的形态可分为提根式、连根式和附石式等。象形式盆景的形态像动物或其他物体，贵在写意，妙在像与不像之间（图 4-3）。

自然式

象形式

图 4-2　盆景分类（按照构图形式）（图片来源：网络）　　　　　　　　　　　　　　103

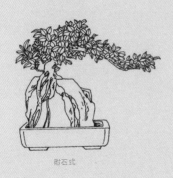

附石式

连根式

丛林式

曲干式

一本多干式

图 4-3 植物盆景的类型

悬崖式

直干式

双干式

斜干式

枯干式

卧干式

山石盆景

远景式

山石盆景以山石为主题，石头上栽培植物和苔藓，放置一些小型的装饰摆件，以小见大地表现出名山大川的风貌。由于山石盆景多放置于浅水盆中，故又称山水盆景或水石盆景。

山石盆景按照石的坚硬程度可分为硬石山石盆景和软石山石盆景两类，硬石包括英石、松化石等，软石包括浮石、砂积石等；按照所用山石的形态、峰的多少可分为独峰式、群峰式；按照山形的不同分为峡谷式、偏重式、横层式、倾斜式、联片整体式、悬崖式、象形式、主次式；按照山水形式可分为水盆景、旱盆景和水旱盆景三类，旱盆景盆内盛土而无水面，水盆景盆中山石置于水中，水旱盆景则盆内水陆内容皆有（图 4-4）。

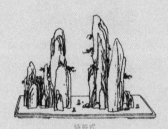

峡谷式

横层式

图 4-4　山石盆景的类型

倾斜式

群峰式

悬崖式

主次式

偏重式

独峰式

第 5 章

盆景艺术风格与流派

盆景艺术家在盆景创作过程中表现出艺术特色和创作个性，由于各地地形、地貌、植被及树木的外形各不相同，反映在盆景中的山川风貌和树木形态也有明显区别，加之各地气候不同，选取适合本地生长的树木及其他材料不一，加工技法又各尽其妙，加之创作者的性格思想、艺术修养等种种差异，因此表现在创作的盆景中，就有不同的地方风格和个人风格，这些日积月累、代代相传，便形成了不同区域性的盆景艺术流派 (图 5-1)。

一般来说，中国的树木盆景有南北两大派系，南派以广东为主，称为岭南派；北派以长江流域的上海、苏州、扬州、成都、杭州、南通等为代表。常见的流派划分则以岭南派、苏派、扬派、海派、川派和徽派为主。

图 5-1　盆景风格流派

川派风格

岭南派风格

苏派风格

海派风格

扬派风格

浙派风格

岭南派风格

岭南盆景采用以修剪为主的蓄枝截干法整形，树材多选用萌发力强的九里香、雀梅、福建茶、榔榆、榕、朴等。成形后主干自下而上粗细匀称，一般顶梢渐尖，形成鼠尾，树干脉络清楚，枝条与枝条流畅自然、神韵有致，像刚劲有力的折线。因此落叶后的景观同样引人入胜，传统的岭南盆景是规则式，主干蛇形直立，两侧垂臂横出作五托或七托，顶托扁平，称"古树"、"将军树"，典型的盆景形象见图 5-2。

　　　　图 5-2　岭南派盆景典型形象

苏派风格

传统的苏派桩景造型规则，主要形式为"六台三托一顶"，树干左右弯成六曲，在每个弯的部位留一侧枝，左、右、背三个方向各三枝，扎成九个圆形枝片，左右对称的六片即"六台"，背面的三片即"三托"，然后在树顶扎成一个大枝片，即"一顶"，参差有趣，层次分明。摆放时一般两盆对称放置，意为"十全十美"。常用的树种有松、柏、雀梅、榔榆、黄杨、三角枫、石榴、枸骨等，典型的盆景形象见图 5-3。

图 5-3　苏派盆景典型形象

扬派风格

扬派盆景力求"桩必古老，以久为贵；片必平整，以功为贵"、"层次分明，严整平稳"的风格和"一寸三弯"的剪扎技巧，是区别于其他各派盆景的最显著特征。树种以松、柏、榆、黄杨（瓜子黄杨）为主，总体造型层次分明、平稳严整，也有将盆梅做成疙瘩式、提篮式的。制作手法根据"枝无寸直"的绘画原理，用棕丝将树枝"一寸三弯"扎成极薄而平整的云片，云片数以奇数为多，片形椭圆，一至三层的称"台式"，三层以上的称"巧云式"。与云片相适应的树桩主干，大多蟠扎成螺旋弯曲状，势若游龙，变幻莫测，气韵生动，舒卷自如，称"游龙弯"。扬派盆景的典型形象见图 5-4。

图 5-4 扬派盆景典型形象

海派盆景

海派盆景不拘一格，一般来说不受程式限制，但在布局上非常强调其作品的主题性、层次性和多变性，在制作过程中力求体现山林野趣，模拟自然界古树的形态，尊重树种的个性，因势利导，努力使盆景作品神形兼备。海派盆景选用的树种非常丰富，落叶、常绿、花果各类应有尽有，多达140余种，以常绿的松、柏和色姿并丽的花果类为主。整形技法上扎剪并重，用金属丝缠绕枝干进行弯曲造型，逐年对小枝进行细修细剪使其成形，保持优美形态。海派盆景常见形象见图5-5。

图 5-5 海派盆景典型形象

川派盆景

川派盆景虬曲多姿、苍古雄奇，树桩
盆景以古朴严谨、虬曲多姿为特色；
山水盆景则以气势雄伟取胜，典型地
表现了巴山蜀水的自然风貌。传统的
造型多为规则式，用棕丝吊扎枝干整
形，造型有"方拐"、"对拐"、"掉拐"
(拐在这里有弯的意思)、"老妇梳妆"、
"滚龙抱柱"等，枝的盘曲有"平枝"、
"滚枝"等技法，根部要求悬根露爪、
盘根错节。川派树桩盆景树种主要有
六月雪、罗汉松、银杏、贴梗海棠等，
其中瓶兰花和钟乳形树干的银杏，均
有其特色。典型盆景形象见图 5-6。

浙派风格

浙派盆景主要采用棕丝和金属丝蟠扎与细修精剪相结合的造型技法，植物选择以松、柏为主，尤其是五针松，继承宋、明以来高干、合栽为造型基调的写意传统，薄片结扎，层次分明。比较有特色的是直干或三五株栽于一盆，以表现莽莽丛林的特殊艺术效果。对柏类的主干适度扭曲，剥去树皮，以表现苍古意趣，并且善于用枯干枯枝与茂密的枝叶相映生辉，能够达到"似入林荫深处"、"令人炎夏忘暑"的妙境。典型盆景形象见图 5-7。

图 5-7　典型盆景形象

徽派风格

徽州盆景技艺主要通过修剪、蟠扎、构图等艺术处理手段将当地特有的植物、山石等材料布置于盆盎之中，使其呈现出或苍古、或自然、或刚劲、或幽雅的风格特点。制成的盆景主次分明、虚实相生、疏密得当、动静相映、露中有藏、刚柔相济、枯荣对比、巧拙互用，达到了形神兼备的程度，充分体现出徽州文化的博大精深和当地民众的聪明才智。用"咫尺千里、缩龙成寸、小中见大、虽假尤真"的艺术手法，制成的盆景极少雷同。这些盆景作品铁杆虬枝，或盘根错节，或悬空倒挂，在方寸间将枯木的神韵展现得自然完美。也有些盆景作品树干苍劲，树冠秀茂稠密，呈云朵层叠之状，风神秀朗，春意盎然，颇具"平步青云"的意趣（图 5-8）。游龙式梅花桩是徽州盆景的代表作，俗称"徽梅"，以整齐、对称和庄严为主要特点，典型盆景形象见图 5-9。

图 5-8 徽派盆景形象

图 5-9　徽派盆景典型形象（图片来源：《中华遗产》，2015 年 8 月刊）

第 6 章

盆景制作技艺

6.1

树木盆景制作

盆景艺术来源于大自然，与园林艺术一样，"师法自然"是盆景创作的重要原则，意思是指在盆景创作时细心观察自然、努力学习自然，掌握其规律，从中寻找创作源泉，使作品真实地表现出自然景物。在观察自然的基础上，还需对表现对象进行分析、研究，抓住自然景物的特点，使盆景艺术作品更加集中和典型。

1. 选择树种和培育苗木

树木盆景以树木为主要材料，通过蟠扎、修剪、提根等园艺整形手法和栽培管理措施，形成浓缩展示古树、树林等自然植物景观的盆景种类，植物材料选择多以老树桩为主，因此又称为树桩盆景（图6-1）。树种有松柏类、杂木类和花木类等。

树木盆景所使用植物材料主要有苗圃培养、自然采集、市场购买三种获得方式。苗圃培养盆景树木可通过播种（有性繁殖）、扦插枝条（无性繁殖）等育苗方式，在植物生长过程中进行整形培育，只是这种方法耗时比较长，但是可以根据设计要求进行相应的整形培育；自然采集是获取优秀桩景、缩短制作周期的重要途径，但是要注意的是盲目乱采会面临破坏生态环境等问题，在荒山、路边、水旁、石岸或山坡石缝间，一些生长不正常、适合制作桩景的树木，可以采回进行培养加工；如果没有繁育场地，经济允许情况下可以直接在市场购买所需树苗或半成品的桩头来加工制作盆景。

图 6-1　树桩盆景

盆景植物在形态、造型、养护管理等多个方面要求较高,一般来说树木盆景的植物材料要具备以下特点:上盆容易(适合盆栽)、萌发力较强(移植后恢复能力好)、耐修剪捆扎(造型容易)、寿命较长(适合长期观赏)、枝干奇特、花果艳丽、枝叶细小,也可以用棕竹等较为特殊的植物(图 6-2、图 6-3)。

图 6-2

图 6-3

2. 种植上盆

获得的树桩盆景植物材料经过处理后要先上盆，柏类植物盆土可采用山地腐叶土加河沙混合而成，石榴、海棠、梅花等植物，可采用普通园土掺拌谷麦糠混合而成。

树桩上盆的时间一般是在2月下旬至4月下旬，也可在每年10月中旬至11月。树桩盆景上盆还要注意上盆的位置和盆景的艺术效果，如果是圆盆的话，一般不要把树桩盆景栽种在盆的正中间，栽植点可稍偏一点，这样处理的艺术效果会更好。

3. 树桩盆景加工整理

树桩盆景上盆后还需要进行一些加工处理，以便树桩盆景的造型更优美。常用的盆景造型技法包括修剪、蟠扎、剖干、剥皮、攀折、撕裂等（图6-4），盆景造型所需要的常用工具见图6-5。

图 6-4

修剪：在盆景树木造型和养护过程中，不能任其自由生长，可通过及时修剪，保持优美的树姿和适当比例，在从小树培养时及早通过重修剪截干留桩。修剪方法有摘心（抑制树木高生长）、摘芽、摘叶、修枝、修根等。

蟠扎：用适宜粗度的铝丝（或线绳）对植株进行蟠扎，借助外力改变枝干生长方向以达到造型的目的，蟠扎顺序是先主干、再侧枝，由下而上进行（图 6-6）。

图 6-5

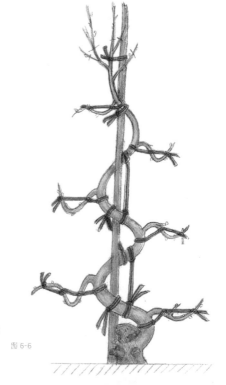

图 6-6

6-4 盆景植物常用造型手法（图片来源：中国国家地理微信公众号）

6-5 盆景制作的工具（图片来源：赖娜娜，林鸿鑫，《盆景制作与赏析》）

6-6 蟠扎（图片来源：中国国家地理微信公众号）

4. 盆器与配景

可以根据不同的树桩盆景采用不同的
盆，比如悬崖式的盆景可以采用口径
较小、盆底较深的紫泥盆，一般的树
桩盆景可以采用口广底浅的浅盆，也
可以用一些造型别致的盆器（图 6-7）。

盆景配景又称为摆件，是配置于盆景作品中亭台楼阁等
表现建筑、舟船等表现水景以及人物和动物等真实体缩
影的小物件，这些配景既能丰富画面，又能起到画龙点睛、
烘托主题的作用。摆件选择时应根据构图及主题内容需
要，选择色彩质感与作品整体风格一致的配件，而且造
型要生动活泼，制作要精细，数量宜少不宜多（图 6-8）。

图 6-7　树桩盆景盆器
图 6-8　盆景配饰（引自赖娜娜、林鸿鑫，《盆景制作与赏析》）

图 6-8

图 6-7

129

5. 几架选择

盆、景和几架共同组成"盆景"这种浑然一体的艺术形式，除了作为主体的"盆"和"景"之外，几架在盆景构成中也占有重要地位，其色彩、质地、规格、样式、重量等，必须与景和盆相互协调，且要美观大方，高度要适合观赏。

盆景几架的材质有竹质、木质、石质、陶瓷等，从形状上来说主要分为规则式和自然式两类。其中，规则式较为常见，有圆形、椭圆形、方形、六边形等，其高矮形制等也各不相同（图6-9）；自然式几架形状不规则，常根据盆景作品进行选择，可以是天然的根雕几架、自然的木质或石质几架，可增添作品的古雅气息（图6-10）。

图 6-9

图 6-10

图 6-9 规则式盆景几架

图 6-10 自然式盆景几架

131

从规格尺寸上来说，盆景几架要略大于盆，而不能盆大于架；样式上主要是圆对圆、方对方、长对长；高度上来说，深盆应配高架，浅盆应配矮几；重量上，几架的重量也要和景、盆相适应，使其平稳、牢靠、协调；色彩上以深色为宜，一般常用棕色、紫色、褐色和黑色，要注意颜色和形状都不能喧宾夺主，也可以用组合式几架放置多种盆景（图 6-11、图 6-12）。

图 6-11

图 6-12

图 6-11　博古架式盆景几架

图 6-12　组合式盆景几架

133

1. 选石

山水盆景制作中经常使用的石料可分为质地比较柔的软石类和质地坚硬的硬石类两种。石料选择可在制作前根据拟表现主题的基本构思和设想进行，根据设计意图确定所需要石料的种类、形态和色彩等，或是发现合适的石头后根据石料的特点进行盆景的构思设计，因材施艺（图 6-13）。

石材的选择首先要根据石头本身的自然特征，确定适合的自然景观造型；其次要根据盆景作品设计要求的风格来选择相应石材。石材选择时要注意在同一件盆景作品中石头类型要统一（图 6-14），包括石种、质地和纹路等不要过于复杂，差异太大会影响盆景作品的美观，还需考虑与植物的搭配要比较自然、协调（图 6-15）。

图 6-14

图 6-15

2. 修整

一般来说，自然选取的石材很少有刚好适合盆景制作的，因此需要进行加工和修整。制作山水盆景时，首先要对石材顶部轮廓线进行观察，引发构思，反复推敲，不论硬石还是软石，在轮廓线排列起伏不明显时，要对其进行敲凿和截锯处理，使之起伏鲜明、富有节奏感；也可根据盆景作品设计思路对多块石头进行粘合处理。

3. 组合

山水盆景制作时需要将石料底部锯平后再进行组合布局，在作品中处理好山、水、建筑、植物、动物和人的比例关系，一般来说造型时讲究"丈山、尺树、寸马、分人"。盆景制作时首先要根据设计要求，仔细观察石料，反复比较，本着"扬长避短"的原则审视下锯的角度和高度。

山水盆景中主峰、次峰、配峰的高度，要符合一定比例要求，石料的纹理也要一致。主峰是全景的视觉中心，可由多块山石组成，也可由一块天然成形的山石构成。盆景制作时首先要把主峰组合好，再进行其他景物的组合，如果次峰的高度和主峰的高度相差不多，就会显得很不协调。在处理主峰的组合时，还要同时考虑次峰的安排，次峰一般是紧靠主峰一侧，用来丰富山体趋势，使主峰与配峰之间有一个适当的过渡。主峰与次峰之外的山峰均为配峰，主要起衬托和对比作用，不能喧宾夺主（图 6-16），要符合艺术构图的最佳要求。

有的石料不能自立于盆中，使用时必须削切平底部，使之与盆面粘接在一起。粘接前对粘接面进行预处理，可以用钢丝刷清洗粘接面，对过于光滑的表面还应进行磨毛处理。接缝处要处理好，可以用颜料调色勾缝，也可用同样的石粉撒在胶面水泥缝上。粘接后要进行一定时间的保湿养护，不可在烈日下暴晒，以免脱离开。

图 6-16　山石盆景主峰和次峰的比例关系

4. 配景

植物点缀要根据盆景作品的艺术题材、
山形、布局以及石种等因素综合考虑，
并要符合自然规律和艺术创作中的透
视等原则。选择的植物要株矮叶细，
宜小不宜大，根据近山植树、远山种苔、
下大上小的透视原则，做到疏密得当。

水石盆的色彩一般以浅色为宜，常见的有白、淡蓝、淡绿和
淡黄色等。配景安装应因景得宜，亭塔等建筑要素要服从景
物的环境需要，且要符合自然和生活规律，注意大小比例和
透视关系，藏露得宜。一般来说，亭、阁可置于山腰，塔安
放在山势平缓的配峰上，舟船多放置于水面，房屋置于山脚
坡岸处（图 6-17）。

图 6-17　配景的放置　　　　　　　　　　　　　　　　　　　　　　139

1. 材料选择

树石盆景以树木和山石为主要制作材料，展现旷野树木自然美景的同时领略山石怪岩之幽趣。盆景作品植物和山石平分秋色，同样重要。

依据造型样式和表现景观的需要来选择不同质地、色泽、形状的石料，石料选择可参考山水盆景材料的选择方法；植物材料的选择稍微灵活宽泛一些，修剪造型等其他注意事项可参考树桩盆景的制作方式来进行。

2. 基础制作

以建筑为主要元素表现居住景观的盆景首先要制作地形，先用土和石子等堆出地形，可放置亭子等建筑作为核心园林景观组成部分，将其放置于视觉重心处，然后再配置其他要素；以山石为主要元素表现山林景观的盆景，设计时要选择合适的山石作为主景，确定主峰、次峰和配峰 (图 6-18)。

图6-18 山峰的制作（主峰，侧峰）

3. 栽植植物

在盆内确定的栽植区域倒入透气性好且
掺有基肥的粗颗粒土，必要时还可以用
专门的基质栽培整理植物根系，去掉过
多的泥土和根系，将根球放置于盆中，
添加细土，将根系覆盖好（图 6-19）。

4. 修饰整理

可在土面铺一层青苔，青苔块边缘相互吻合，尽量不留空隙，
铺好后用手掌轻轻压青苔，使其与土面贴实，浇水后整理盆面、
放置摆件。栽植好的植物要注意剪掉植物基部的萌蘖枝和树
冠上的多余枝条（图 6-20）。

　　　　图 6-19

图 6-20

图 6-19 栽植植物
图 6-20 整理完毕后   143

第 7 章

盆景艺术欣赏

中国盆景艺术以诗情画意、创造意境见长，优秀的作品常常耐人寻味、发人深思。一件好的盆景艺术作品，主要欣赏其自然美 (植物的根、茎、叶、花、果及季相变化、山石的形质美）景观组合的整体美 (技法与造型、特色) 以及艺术升华的境界美 (题名、意境、格调)。因此，欣赏盆景艺术作品，应该提高艺术修养、积累审美经验。

一般来说，盆景艺术主要体现在"主次分清、疏密得当、虚实相生、动静相衬、有起有伏、有开有合、刚柔相济、巧拙互用、露中有藏、平中有奇"等方面，一件好的盆景作品应该能达到"线条流畅自然、搭配合理、造型完善与意境深远"的观赏效果。优秀的盆景作品应该"情景交融"，即盆中的一山一水、一草一木，都应该凝聚着作者的思想感情和美学造诣，使观者能触景生情，从有限的景物中产生无限的联想，在开与合、藏与露之间达到良好的效果。值得注意的是，盆景所反映的不是病态的审美趣味，而是充满活力的生命精神。

1. 意在笔先

立意也称为构思，就是盆景创作的立意，即通过盆景作品想表现什么，如何去表现，可以说，一个盆景作品成功与否，与其立意的优劣有直接关系。优秀的盆景艺术作品，通过作品题名、盆景形象和意境等能达到情景交融的境界，并与欣赏者在情感、知识等方面引起共鸣 (图 7-1)。

图 7-1 盆景作品

2. 小中见大

盆景要在小小的一方盆器中表现出很高深的境界，创作时可采用透视法则营造空间感，做到近大远小、近清晰远模糊。盆景艺术的"小中见大"，小不是对大的概括，不是简单缩小，小是手段而非目的，小是形式，大是内容，以小的客体来表现主体的高大（图 7-2），正所谓"咫尺之地，再造乾坤"、"一拳石亦有曲处，一勺水亦有深处"（清代画家恽南田语）。

3. 主次分明

创作优美的盆景作品，要做好"主次分清"，即主要是想表达和展示什么，所以应该采取各种对比和烘托的手法，使盆景作品的主体突出，如山石盆景中，在视觉上主峰和次峰应该分明。在意境上应该追求虚中有实、实中有虚，最终达到"虚实相生"（图 7-3）。

4. 虚实结合

为了创作优美的作品，从盆景的布局上来说不可全部塞满观赏面，应根据作品表现力度的需要，做出一定的空白处理，以虚代实，使观者有自由想象的天地，可以说，实是景，虚也是景（图 7-4）。

图 7-2

图 7-3

图 7-4

图 7-2　盆景作品

图 7-3　盆景作品

图 7-4　盆景作品

5. 疏密得当

盆景中的景物安排，要做到"疏密得当"，即有疏有密、疏密相间、有开有合（图 7-5），"疏可走马，密不透风"，视觉上会让人感到更舒服。

图 7-5

6.动静相衬

优美的盆景作品，对盆景的态势要求十分严格，最忌四平八稳，盆景制作时应注意取势导向，即有意识地布置出动势，以达到"动静相衬"，使作品显得生动而有气势（图 7-6）。

图 7-6

7. 露中有藏

"景愈藏则境界愈大，景愈露则境界愈
小"。盆景中的景物切不可全部显露在
外，而应该做到"露中有藏"，这样才
可以引起观者丰富的联想，从而有利
于作品中意境的再创造（图 7-7）。

图 7-7

8. 比例协调

盆景中景物的比例安排，要做到相互"顾盼呼应"，才能有机地结合在一起（图7-8）。盆景中各种景物的体量、尺度，应处理得"比例恰当"。这样既能合乎自然情理，又可起到对比、衬托的作用，使作品达到小中见大、由近求远。

图 7-8

图 7-7　体现藏与露的盆景作品
　　〔图片来源：赖娜娜，林鸿鑫，《盆景制作与赏析》〕
图 7-8　体现呼应的盆景作品
　　〔图片来源：赖娜娜，林鸿鑫，《盆景制作与赏析》〕

盆景这种具有生命的艺术，不仅体现在以活的植物体和自然山石为艺术创作的主要材料，更重要的是盆景艺术从诞生到延续的全过程，就是生命延续展演的过程，是美学原理逐渐体现和展示的过程，制作和欣赏盆景应了解美学相关原理。

1. 均衡与稳定

盆景艺术作品都是由一定体量不同质感素材组成的景物实体，这种实体会给人以一定的体量感和质量感。盆景创作一般要求均衡，并达到一种稳定的艺术效果。均衡的景物各部分之间有一个共同的中心，称为均衡中心。均衡可以有对称式的均衡和非对称式的均衡（图 7-9）。

图 7-9　体现均衡的盆景作品　　　　　　　　对称式均衡

非对称式均衡

2. 变化与统一

盆景艺术可以说是一种视觉艺术，任
何一件盆景艺术作品，都具有若干个
不同的组成部分，且各个部分之间既
有区别又有内在联系，它们通过一定
的规律组成一个有机整体。盆景创作
要求在统一中求变化、变化中求统一，
统一是指盆景的形状、姿态、体量、
色彩、线条等要求有一定的同一性、
相似性或一致性，变化是为了避免因
单纯同一性而具有的单调、呆板、无
味的感觉 (图 7-10、图 7-11)。

图 7-10

图 7-11

图 7-10　体现变化与统一的盆景作品
　　　　（图片来源：赖娜娜，林鸿鑫．《盆景制作与赏析》）
图 7-11　体现变化与统一的盆景作品（赵清泉《八骏图》）
　　　　（图片来源：网络）

157

3. 韵律与交错

韵律是观赏艺术中由观赏对象构成的、有一定规律的重
复属性，还有开合的重复、虚实的重复、明暗的重复，
也均表现出一定的韵律，如盆景作品中的"寸枝三弯"。
一件优秀的盆景作品，往往靠协调、简洁及韵律的作用
而获得，而盆景中的韵律，使人在不知不觉中体会，受
到艺术感染（图7-12），也能感受到趣味。

图 7-12　体现韵律的盆景作品（图片来源：耿娜娜，林鸿鑫，《盆景制作与赏析》）

图 7-13　体现对比与协调的盆景作品

4. 对比与协调

对比与协调是盆景艺术创作的重要手法。仔细观察一件盆景作品，很多方面可以形成对比，主与次、虚与实、疏与密、大与小……强烈的对比能够突出景物。盆中景物形体或色彩，应该有轻有重，同时要形成不对称的均衡，既不可一味粗放，也不可过于纤细，而应该有粗有细、重点突出、对比鲜明、形神兼备，做到"平中见奇"、"刚柔互济"、"巧拙互用"（图 7-13）。

图 7-13

精品盆景欣赏（图 7-14 ～ 图 7-19）

图 7-14　窥谷
作者：范义成
树种：真柏
规格：67cm×105cm
树龄：300 年

图 7-15　雄狮回头 (中国园林博物馆藏)
作者：林鸿鑫
树种：元宝枫

图 7-16　泛舟五湖任逍遥

作者：范义成

树种：真柏

规格：150cm×115cm

图 7-17　采菊东篱

作者：范义成

树种：真柏

规格：150cm×98cm

树龄：60 年

图 7-18 山居图
作者：李云龙
树种：真柏
规格：100cm×100cm

图 7-19 历尽沧桑
作者: 石景涛
树种: 赤松
规格: 85cm×95cm

第 8 章

中国盆景文化

在盆景艺术的演进过程中，历代的创作者和欣赏者将其深厚的文化修养和独到的文化品位融入盆景艺术的创作过程，使之具有丰富的文化内涵。由此这种独具一格的文化艺术形式，与诗、书、画相互促进、相互影响、相互融糅，体现了壶中天地、咫尺乾坤的哲学思想和宇宙观，由此盆景也被誉为"立体的画"和"无声的诗"。中国传统文人、画家等在这一盆一景之中寄托了诸多情思，置于案头上、陈于庭院内、绘于尺幅中的传统盆景，无一不展现了古人"见微知著、乐山乐水"的高雅情怀。

1. 诗词吟咏

诗词是阐述心灵的文学艺术，诗言志，词抒情，历代的文人墨客对钟灵毓秀的大地山川和生机盎然的花草树木情有独钟，以凝练的语言、传神的文字，生动地概括了山、水、花木的精神品格和风情韵致，盆景浓缩了自然要素，受到文人的追捧，他们创作的不少诗词作品是吟咏盆景艺术的文学佳作，千古传唱。

唐代山水文学发达，开始出现了文人园林，叠石为山、引水为池，在城内营造山池院，在郊外营造山居别业，如王维的辋川别业 (图 8-1)，诗人在山林间尽享林泉之胜。这一时期的很多文人士大夫都热衷于对峰石的搜求和欣赏，留下了很多经典的诗篇，其中他们对于假山石的欣赏，主要讲求以小观大，富于抽象审美。

图 8-1　五代《辋川图》（图片来源：网络）

白居易不仅是我们所熟知的诗人，而且还是一个伟大的造园家，对于赏石他也很有造诣，还曾撰写过名篇《太湖石记》。他在洛阳履道坊的宅园中以点缀奇石为乐，园中有五块太湖石，园居的诗词中都有详细描述（图 8-2）。《太湖石记》这首诗所吟咏的应该是一组三峰组合的太湖石盆景，浓缩了华山峰色，令人产生了烟波翠色的联想，可见此太湖石小景的艺术水平。当然除了对太湖石的喜爱，白居易还有对自栽数十年盆松的诗词吟咏，看着未盈尺的小松树，想象得出云湿烟霏的山涧，他对于这种微型松树的喜爱之情溢于言表。

《太湖石记》

唐　白居易

烟翠三秋色，波涛万古痕。
削成青玉片，截断碧云根。
风气通岩穴，苔文护洞门。
三峰具体小，应是华山孙。

《栽松二首》

唐　白居易

小松未盈尺，心爱手自移。
苍然涧底色，云湿烟霏霏。
栽植我年晚，长成君性迟。
如何过四十，种此数寸枝。
得见成阴否，人生七十稀。
爱君抱晚节，怜君含直文。
欲得朝朝见，墀前故种君。
知君死则已，不死会凌云。

　　　　　　　　　　　图 8-2　白居易与太湖石

唐代文人经常置小盆于庭院中，或埋盆于地，引水于盆中而成小池，盆中栽植水草，也可在盆中栽植荷花，放养鱼、青蛙、小虫等动物，不仅能听取雨打荷叶的美妙声音，还充满了生机与活力。庭院中这一泓清池水，足以纳自然万景，盆景"小中见大"的技艺特色体现得淋漓尽致，观赏这种小型景观的确能令人产生无限遐想 (图8-3)，也激发了诗人的创作热情。

《盆池》

唐 张蠙

圆内陶化功，外绝众流通。
选处离松影，穿时减药丛。
别疑天在地，长对月当空。
每使登门客，烟波入梦中。

《盆池五首》

唐 韩愈

老翁真个似童儿，汲水埋盆作小池。
一夜青蛙鸣到晓，恰如方口钓鱼时。
莫道盆池作不成，藕梢初种已齐生。
从今有雨君须记，来听萧萧打叶声。
瓦沼晨朝水自清，小虫无数不知名。
忽然分散无踪影，惟有鱼儿作队行。
泥盆浅小讵成池，夜半青蛙圣得知。
一听暗来将伴侣，不烦鸣唤斗雄雌。
池光天影共青青，拍岸才添水数瓶。
且待夜深明月去，试看涵泳几多星。

图 8-3　松树盆景

宋代是诗词创作的高峰，尤其是宋词更是达到非常高的水准。这一时期文人园林和盆景艺术也相偕发展，臻于成熟，尤其是造园中的叠山对山石形姿、纹理欣赏的追求，达到一个新的高度（图8-4、图8-5）。大量的庭院主题、绘画和诗词作品中可以看出对盆景的欣赏和审美追求（图8-6），婴戏图作为一个重要题材大量出现，也影响到后世的绘画创作（图8-7、图8-8），庭院中的假山、盆山、山石都引发了诗人对自然山岳的向往与想象，成为生活中极富自然之趣的内容。

《云溪石》

宋 黄庭坚

造物成形妙画工，地形咫尺远连空。
蛟鼍出没三万顷，云雨纵横十二峰。
清坐使人无俗气，闲来当暑起清风。
诸山落木萧萧夜，醉梦江湖一叶中。

《假山》

宋 王令

鲸牙鲲鬣相摩捽，巨灵戏撮天凹突。
旧山风老狂云根，重湖冻脱秋波骨。
我来谓怪非得真，醉揭碧海瞰蛟窟。
不然禹鼎魑魅形，神颠鬼胁相撑挟。

《双石》

宋 苏轼

梦时良是觉时非，汲井埋盆故自痴。
但见玉峰横太白，便从鸟道绝峨眉。
秋风与作烟云意，晓日令涵草木姿。
一点空明是何处，老人真欲住仇池。

《壶中九华诗》

宋 苏东坡

我家岷蜀最高峰，梦里犹惊翠扫空。
五岭莫愁千嶂外，九华今在一壶中。
天池水落层层见，玉女窗明处处通。
念我仇池太孤绝，百金归买小玲珑。

图 8-4 宋徽宗《盆石有鸟图》（图片来源：李树华《中国盆景文化史》）

图 8-5 宋徽宗《祥龙石图》（图片来源：故宫博物院）

图 8-4

图 8-5

图 8-6

图 8-7

图 8-6　宋·苏汉臣《婴戏图》中的假山石
图 8-7　宋·苏汉臣《婴戏图》中的山石盆景

图 8-8　美国克利夫兰美术馆藏明代夏葵《婴戏图》卷

不仅如此，宋代的文人墨客笔下还增添了盆景制作的体会和感悟，大文学家苏东坡一句"我持此石归，袖中有东海……置之盆盎中，日与山海对（苏轼《取弹子石养石》），"隐约可以看出盆景创作中"小中见大"的技法。诗人陆游一首《怀旧》"翠崖红栈郁参差，小盆初程景最奇。谁向毫端收拾得，李将军画少陵诗"，则道出了"师法自然，诗画入盆"的盆景制作旨意。

《满江红·云气楼台》

宋 吴文英

云气楼台，分一派、沧浪翠蓬。开小景、玉盆寒浸，巧石盘松。风送流花时过岸，浪摇晴练欲飞空。算鲛宫、只隔一红尘，无路通。

神女驾，凌晓风。明月佩，响丁东。对两蛾犹锁，怨绿烟中。秋色未教飞尽雁，夕阳长是坠疏钟。又一声、欸乃过前岩，移钓蓬。

宋代描述植物盆栽的诗词较多，盆栽花卉，以及瓶插花卉等，在文人雅士的诗文作品中已屡见不鲜，常见的植物有盆梅、盆松、盆榴、盆橘、盆栽海棠、盆养菖蒲（图8-9）、盆栽桂花、盆竹等，其他植物还有牡丹、美人蕉等（图8-10），如宋代袁褧在《枫窗小牍》中记载："花石纲，百卉臻集，广中美人蕉，大都不能过霜节，惟郑皇后宅中鲜茂倍常，盆盎溢坐，不独过冬，更能作花"，天寒之际，栽于盆盎之中的美人蕉可开花观赏，增加了冬日的生机。

图 8-9　菖蒲盆景

图 8-10 《猩奴婴戏图》中的植物盆栽（石菖蒲和苞蕉）

《盆梅》

宋 施枢

白玉堂前树，谁移此地栽。
看教清意足，唤得艳阳回。
舞片疑云堕，留香待月来。
只应标格好，独为岁寒开。

《盆橘》

宋 张镃

懒向江头置木奴，瓦盆聊玩绿垂珠。
何烦二老输赢决，始悟商山乐不殊。

《盆竹》

宋 释居简

老瓦新淇奥，清风小渭川。
有孙皆抱节，无地可行鞭。
不肉甘吾瘦，敲扉俶榻眠。
多君不受暑，移傍枕帷边。

《菖蒲》

宋 陆游

雁山菖蒲昆山石，陈叟持来慰幽寂。
寸根蹙密九节瘦，一拳突兀千金直。
清泉碧缶相发挥，高僧野人动颜色。
盆山苍然日在眼，此物一来俱扫迹。
根盘叶茂看愈好，向来恨不相从早。
所嗟我亦饱风霜，养气无功日衰槁。

《盆中四时木犀》

宋 何应龙

一树婆娑月里栽，是谁移种下天来。
金英恰似清宵月，一度圆时一度开。

元代"盆景"常常被称为"些子景","些子"有微些、小型之意，极言其小，些子景有小型景观或盆中之景之意。"毫发立大千"的盆景是否与佛教"须弥纳芥子"的思想有关，也有待深入考察。元代继承了宋代盆栽植物的风习，盆梅、松树、石菖蒲和石榴等仍然是盆景栽植的重要植物，而且在整形技术和小型化方面也有所发展，这从留存的诗词文字中可以看出，而王冕的《盆中树》则阐述了将树木置于盆中失却植物天性的反思。

《盆中树》

元 王冕

橐驼已矣树多病，后世谁能谕官政？

盘根错节入盆盂，岂伊所生之本性？

童童结盖拥绿云，皮肤转卷生虫纹。

幽人重之如重宝，置诸座右同佳宾。

时时玩赏勤拂试，要做人前好颜色。

自怜无路接春风，憨愧荆榛得甘泽。

人言此树受恩爱，我独悲之受其害。

既无所资无所求，何故娇为阿媚态？

嗟哉木命既有亏，其所玩者何为奇？

君不见石家珊瑚高且贵，今日根株在何地？

又不见李家花木比异珍，于今野草秋烟昏。

姚黄魏紫夸艳美，看到子孙能有几？

人生所重重有德，耳目之娱何足齿？

我知万物各有缘，胡不听之于自然？

平原太谷土无限，樗栎能与天齐年。

此树那宜此中种，器小安能成大用？

愿君移向长林间，他日将来作梁栋。

《些子景为平江榲上人赋》

元 丁鹤年

尺树盆池曲槛前，老禅清兴拟林泉。

气吞渤澥波盈掬，势压崆峒石一拳。

仿佛烟霞生隙地，分明日月在壶天。

旁人莫讶胸襟隘，毫发从来立大千。

《悯盆松》

元 艾性夫

物生天地间，细大各有容。

伟哉霄汉姿，厄此盆盎中。

嗟吁尔橐驼，局促吾苍龙。

驼兮顾我笑，可悯岂独松。

《盆梅》

元 冯子振

新陶瓦缶胜璃壶，分得春风玉一株。

最爱寒窗闲读处，夜深灯影雪模糊。

《石菖蒲》

元 刘诜

盆池有灵苗，石蟆忘偪仄。

微根乱繁丝，疏叶散纤碧。

苔莓封巉岩，沙水明的皪。

所贵含贞姿，终然傲苍色。

道人勤养护，黄悴辄剪剔。

常与贝叶书，珍爱同几格。

豫樟蟠青冥，风雨作霹雳。

小大固尔殊，赋分焉得易。

相期乔松交，岁晚坚九节。

图 8-11

明清以降，随着花木专著日渐兴盛，与盆景相关的诗词更是多见文献记载。除了传统的松、梅盆景，草本的水仙盆景等较为常见（图 8-11），其中所吟咏的花果盆景品种也日渐丰富（图 8-12），如石榴、橘子等，这或许与当时越来越成熟的园艺栽培技术的快速发展有关。观花、观果植物的盆景不仅深受民间喜爱，在宫廷中亦不乏身影（图 8-13、图 8-14）。

《题邹氏盆景四绝》

明代　王应斗

其一　盆松

尺寸能含百丈姿，巉岩犹喜托根奇。
堪知细叶迎风夜，不减孤涛绝顶时。

其二　盆柏

方盘如沼立苍宫，短劲凌霜阅岁寒。
自是武侯祠畔种，半株子尺可同看。

其三　盆竹

霭霭云梢拂翠屏，笙簧日向此君听。
石家枉炫珊瑚胜，不及苍莨一尺青。

其四　盆梅

瑶华低放小窗间，雪干冰枝不用攀。
已把数茎当庾岭，何须千本说孤山。

图 8-12

《盆景榴花高有数寸开花一朵》

清　康熙

小树枝头一点红，嫣然六月杂荷风；

攒青叶里珊瑚朵，疑是移根金碧丛。

图 8-13

图 8-13　《乾隆皇帝行乐图》（局部）中的南天竹盆栽
　　　　（图片来源：故宫博物院）

图 8-14　清代绘画中的盆荷
　　　　（图片来源：故宫博物院）

图 8-14

一些诗词中专门吟诵盆景，其中清代李符的《小重山·盆景》对盆景制作和欣赏进行了生动描绘，是盆景诗词中的经典，绿松、拳石假山营造出山岚如烟的美好景象。龚翔麟的《小重山·盆景》则描绘了三尺狭盆中山水村郭的细腻景致，生活场景浓缩于一盆之中，别有一番趣味。

《小重山·盆景》

清　李符

红架方瓷花镂边。绿松刚半尺、数株攒。劚云根取石如拳。

沉泥上，点缀郭熙山。

移近小阑干。剪苔铺翠晕、护霜寒。莲筒喷雨算飞泉。

添香霭，借与玉炉烟。

《小重山·盆景》

清　龚翔麟

三尺宣州白狭盆。吴人偏不把、种兰荪。钗松拳石叠成村。

茶烟里，浑似冷云昏。

丘壑望中存。依然溪曲折、护柴门。秋霖长为洗苔痕。

丹青叟，见也定消魂。

2. 书画艺术

盆景的形成和发展过程受传统文化的熏陶，与绘画、书法、造园等传统文化形式关系密切。盆景，尤其是山水盆景作为造型艺术，同中国传统山水画有着千丝万缕的联系。盆景艺术与中国传统造园一样，在构图、布局上都借鉴了中国山水绘画的技法，在创作理论中则汲取了中国画论的精髓，丰富了自身的艺术语言，作品讲究神韵、意境及诗情画意，终成别具特色的综合性艺术、独具民族风格的传统艺术。

绘画艺术影响盆景艺术创作。首先是盆景创作原理借鉴和汲取了传统书画理论的基本论述，如"外师造化，中得心源"，"以形写神，形神兼备"，"迁想妙得"，"搜尽奇峰打草稿"，"作画必先立意，以定位置。意奇则奇，意高则高，意远则远，意深则深"。其次，书画技法融入盆景的创作之中，绘画描绘的主体以山川、高峰、奇石为主，画中点缀着树木、溪水、河流、云雾、房屋、人物、渔舟风帆，而盆景的材料主体是各种形体的石料，同样也要在盆中栽植树木、小草，放置亭塔、房屋、人物，更是离不开风帆舟楫，不论是几千里江河湖泊的长卷，还是山脚一隅的小品，同样都可在盆中得以表现（图 8-15、图 8-16）。五代宋初画家李成在《山水诀》中说"凡画山水，先立宾主之位，次定远近之形，然后穿凿景物，摆布高低"，这对于山石盆景的制作很有指导意义。

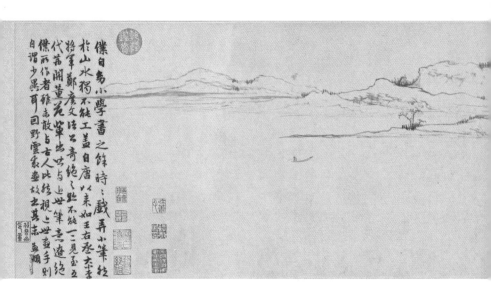

僕自幼小學書之餘時戲弄小筆
於山水獨不能工蓋自唐以來如王右丞東李
將軍鄭虔文法石齊絕之趣不能一二見至立
代荊開董花等出出与世筆意遠絕
僕所作者雖志尚古人此終視上世畫手則
自謂少愧耳固野雲家山故士其未盡類

图 8-16

图 8-15

图 8-15　元·赵孟頫《双松平远图》

　　（图片来源：美国大都会艺术博物馆）

图 8-16　盆景作品中的双松形象

从另一个角度来说，盆景艺术也影响了绘画艺术的发展。盆景艺术师法自然、妙趣横生，成为历代画家创作的重要主题。以盆景或盆栽花卉为主题的绘画丰富了书画作品的种类（图 8-17～图 8-19），还有很多岁朝清供主题的绘画中盆景也是重要内容（图 8-20、图 8-21）。一些庭院园居题材的绘画也大都绘制有盆景，这既是生活场景的再现，也是盆景艺术与绘画艺术的融合，两者相辅相成，浓缩展示了生活艺术和对自然的理想追求（图 8-22）。很多绘画作品以盆景为专题或重要内容，以画作形式留存下来并延展了盆景的艺术魅力。

图 8-17

图 8-17　清·郎世宁《海西知时草》（图片来源：台北"故宫博物院"）
图 8-18　清·王图炳《盆栽菊花》（图片来源：台北"故宫博物院"）
图 8-19　清·汪承霈《画万年花甲》中的盆裁（局部）（图片来源：台北"故宫博物院"）

图 8-18

图 8-19

雍正乙卯新春工元弟子陳書畫於
來青小軒時年七十有六

图 8-20

图 8-21

图 8-20 清·陈书《岁朝丽景》（图片来源：台北"故宫博物院"）

图 8-21 清·张为邦《岁朝图》轴（图片来源：故宫博物院藏）

盆景被誉为"立体的画"，它同山水画一样，都是中国传统文化的艺术瑰宝，在千百年的发展过程中深受山水画的影响，不断借鉴山水画创作的原理，以山水画论为指导思想，将其技艺和理论同步发展，才有了今天空前繁荣的局面，也成为重要的文化遗产。

图 8-22　清代绘画《雍正行乐图》之书斋写经

（图片来源：故宫博物院）

盆景艺术传承

1. 文化遗产保护

盆景技艺属于历史悠久的中国传统艺术，当代盆景在继承传统的基础上，呈现多元化发展态势，但在现阶段的盆景技艺传承和发展中却面临着很多困境和问题，例如传承人不足、资源破坏、创新乏力等，因此为更好地弘扬传统文化，亟须从文化遗产角度进行研究和保护。

2008 年国务院批准文化部确定的第二批国家级非物质文化遗产名录，扬派盆景技艺、徽派盆景技艺、英石假山盆景技艺作为传统美术列入其中，这是我国传统盆景艺术首次列入国家级非物质文化遗产名录（图 8-23、图 8-24）；2011 年苏派盆景技艺和川派盆景技艺入选第三批国家级非物质文化遗产名录传统美术类别；2014 年盆景技艺（如皋盆景）入选第四批国家级非物质文化遗产代表性项目名录，类别也是传统美术。这些盆景技艺入选非物质文化遗产名录，对于它们的保护和传承起到了重要作用。不仅如此，作为传统艺术中的珍品，我们未来还应该通过申报"人类非物质文化遗产代表作名录"（即世界级非遗），以正本清源，使中国盆景艺术更好地走向世界，在国际上得到应有的地位。

图 8-23　扬派盆景博物馆

图8-24 扬派盆景博物馆中陈列的盆景

2. 盆景艺术大师

盆景与我国其他传统艺术形式一样，源于民间劳动人民的艺术创造。中国盆景的发展史告诉我们，从最初的盆景雏形一直到现在，各个历史时期与盆景有关的高手迭现、名人辈出，他们或以制作盆景著称，或以著书立说传世，如唐代的白居易，宋代的苏轼、范成大，元代的韫上人，明代的屠隆、文震亨、吴初泰，清代的陈淏子、沈三白、胡焕章等，他们是中国盆景发展过程中的重要人物，可算是盆景发展史上的"盆景艺术大师"。

新中国成立后，传统盆景艺术在经历了衰落之后得以恢复和发展，一批从事花木、盆景经营的私营业主和专业技术工人不负众望，在继承传统技艺的同时，不断改革、创新，形成了富有地方特色和风格的盆景流派艺术，为振兴和繁荣中国的盆景事业献出了毕生精力。为了更好地发挥他们在复兴盆景艺术中的重要作用，原国家建设部城建司、中国风景园林学会、中国花卉盆景协会于1989年9月在武汉举行的第二届中国盆景评比展览期间，首次举行了"中国盆景艺术大师颁证仪式"，向朱子安（苏州）、朱宝祥（南通）、殷志敏（上海）、陆学明（广州）和陈思甫（成都）5人颁发了"中国盆景艺术大师"荣誉证书；同时，追认5名已故的对中国盆景事业作出重大贡献的盆景工作者为"中国盆景艺术大师"，并颁发了证书，他们是周瘦鹃（苏州）(图 8-25)、孔泰初（广州）、王寿山（泰州）、万觐棠（扬州）和李忠玉（成都）。1994年5月，第三届中国盆景评比展览在天津举行，其间授予贺淦荪（武汉）、潘仲连（杭州）二人为"中国盆景艺术大师"荣

盆景之一（春）春野牧歌

盆景之二（夏）蕉下听琴

盆景之三（秋）松菊犹存

誉称号。这一举措极大鼓舞了一批中青年盆景工作者，他们刻苦钻研，潜心创作，勇于开拓、创新，改革技艺，大大推动了中国盆景事业的健康发展，促进了盆景艺术总体水平的提高，缩短了作为盆景起源国的中国与国际盆景发展水平间的距离。2001 年 5 月，在苏州举办的第五届中国盆景评比展览期间，建设部城建司、中国风景园林学会花卉盆景分会举行第三批中国盆景艺术大师颁证颁奖仪式，授予万瑞铭等 16 位盆景工作者"中国盆景艺术大师"荣誉证书，向韦金笙、胡运骅、付珊仪、徐晓白 4 人颁发了盆景"终身贡献奖"，另有王选民等 9 人获中国风景园林学会花卉盆景分会颁发的"中国盆景艺术大师"称号。此后，2011 年第四批中国盆景艺术大师 11 人获得称号，2018 年中国风景园林学会花卉盆景赏石分会授予 9 人第五批中国盆景艺术大师称号。这些盆景大师代表了盆景艺术领域的最高水平，为中国盆景的研究和发展作出了卓越贡献。

盆景之四（冬）疏影横斜

图 8-25　周瘦鹃盆景图

1. 生活人居

人类诞生于自然之中，但又离不开自然，人类社会的发展证明，
人与自然的关系不在对抗与征服，而在于和谐与共存。中国
传统的哲学思想可以说是从人与自然界的逐渐认识过程中，
经由心灵的感悟而产生。而在自然界景物之中，与人类生活
环境关系最密切者，树木与石头无疑是较为常见的内容。人
们身边喜爱的树木、雅石置于盆中，巧妙地布置，且作为一
种整体的艺术品可以自由搬动，这样即使身处城市之中，亦
可随时饱赏大自然的无限风情，随地感受城市山林之乐。

盆景是中国人生活情趣与造园艺术的结晶，将大自然中有生
命的植物与山石按照一定的原则和比例，根据不同树种的特
长与个性，加以修剪、整形、造型，去芜存菁，选择合适的
雅石并保持原品的自然风格，以一定手法将自然的景观缩小
体积载入美丽的盆钵之中，组成"以树、石为主题的人工微
缩造景形态"。由此可见，盆景艺术的创作源于对自然的喜爱、
对山水的再现、对生活的热爱，这符合中国传统的山水间诗
意栖居理念（图 8-26），正如北京故宫漱芳斋楹联"自喜轩窗
多佳趣，聊将山水寄情怀"。

图 8-26　宋人画《妆靓仕女图》中的盆景（图片来源：波士顿美术馆）

图 8-27

盆景在产生之日起就很好地装点了人们的生活，无论是古代的皇家园林（图 8-27），还是私家园林，尤其是江南园林中都有很多盆景。一些小型的盆景成为案头清供的重要内容，莳花、摆弄菖蒲等是古人生活中极为雅致的事情（图 8-28）。在很多古典园林中都会有专门的盆景园，其原因在于：一是养护管理盆景，为厅堂中的陈设提供材料；二是专门的盆景园也是观赏的绝佳场所。生活环境中这些美丽的盆景，增添了案头的生机和活力，也为园主人提供了遐想的空间。

图 8-27 《乾隆皇帝是一是二图》中的盆景
（图片来源：故宫博物院）

图 8-28 元人画《玩蒲图》（局部）
（图片来源：网络）

2. 文化传播

盆景艺术起源于中国，后传至日本，又由日本传到欧美，近代我国盆景形象的传播也通过外销画等载体传到海外（图8-29，图8-30）。如今，这种充满生机的艺术形式逐渐受到热捧，已在世界各国流行，成为世界性的艺术形式。

早在公元4世纪时，日本和中国的交往就空前频繁，中国文人中盛行栽花、种树、盆玩的风习传到日本，并在日本逐步传播。平安时期（794～1192年）日本部分贵族仿效中国文人清玩，盆栽有了进一步提高。日本最早的盆景资料为镰仓时期的《西行物语绘卷》中所描绘的"岩上树"，该盆景为"盆山"或"附石式"，应该与初唐墓壁画中描绘的"盆景"形象有密切的关系。还有一类称为盆石或钵山的盆景，是以石头和白砂反映自然景观的一种传统艺术，形式和内涵源于中国山水盆景（图8-31）。日本把中文"盆栽"二字以同音译成英文"BONSAI"而流传到世界各地，"盆栽"二字遂成为国际通用的名称。由于日本人长期有创造性的努力，无论在艺术表现还是技术操作方面均已达到很高的水平，并从20世纪开始向世界传播。

图 8-29

图 8-30

图 8-29　18 世纪外销画中的盆景形象

图 8-30　外销画中庭院陈设盆景

早在 1600 年前的新罗时代，朝鲜民族在与中国的交往过程中，就把盆景艺术带回了朝鲜半岛。到了高丽时期 (918 ～ 1392 年)，上流社会开始流行赏玩盆景；李朝时期 (1392 ～ 1910 年)，盆景进入普及与发展阶段；到了近现代（1910 年之后），特别是从 1978 年开始，盆景成为韩国一般民众的爱好并兴起了盆景热。

目前在美国、阿根廷、英国、德国、比利时、西班牙、意大利、澳大利亚、印度、马来西亚、新加坡等许多国家都开始盛行盆景制作和欣赏。盆景艺术在许多国家均被认为是"活的艺术"，它不仅具有优美的形式，也具备内在的精神。全世界越来越多的人正发现它的美，在这诱人的爱好中寻找"和平"思想，他们希望"盆景精神"会成为世界和平、保护地球的一种象征，成为构建人类命运共同体的重要文化纽带。目前国际上主要有两大盆景组织：一个是国际盆景协会 (Bonsai Clubs International，简称 BCI)，于 1963 年在美国成立，是非营利性的世界性盆景组织，其会员分布 50 多个国家和地区，对推动世界盆景文化的发展起到了重要作用；另一个是世界盆栽友好联盟 (WBFF)，于 1989 年 4 月在日本成立，旨在开展各国之间有关盆栽艺术的知识、技术和信息的交流，并以此促进国际友好与和平。这些国际组织的成立与世界范围盆景主题活动的举办，不仅可以推动国际盆景的发展，保护全人类共同文化遗产，同时对于弘扬中国盆景文化、扩大中国盆景在世界的影响，都会起到重要作用，相信盆景的明天一定会更好。

图 8-31　日本的钵山

[1] 彭春生，李淑萍 . 盆景学 [M]. 北京：中国林业出版社，2012.

[2] 赖娜娜，林鸿鑫 . 盆景制作与赏析 [M]. 北京：中国林业出版社，2019.

[3] 李树华 . 中国盆景文化史 [M]. 北京：中国林业出版社，2005.

[4] 建筑学名词审定委员会 . 建筑学名词 [M]. 北京：科学出版社，2014.

[5] 刘国敏，陶瑞峰 . 盆景与园林造景手法及其特征比较研究 [J]. 安徽农业科学，2012，40 (27): 13463-
     13465.

[6] 闻声 . 试论盆景与园林之关系 [J]. 中国花卉盆景，1990，27(12): 5-5.

[7] 韦金笙 . 中国盆景史略 [J]. 中国园林，1991（2）: 11-20.

[8] 李树华 . 中国盆景艺术国际化进程的研究 [J]. 中国园林，2007(8): 43-48.

[9] 周政华，李怀福 . 论中国盆景系统分类法 [J]. 花木盆景，2002(5): 16-19.

[10] 石万钦 . 中国盆景文化初探 [J]. 花木盆景，2006(9) 12-15.

[11] 周瘦鹃 . 盆景趣味 [M]. 上海：上海文化出版社，1984.

图书在版编目（CIP）数据

图说中国盆景艺术 / 北京植物园等编著 . —北京：中国建筑工业出版社，2019.12

ISBN 978-7-112-24449-2

Ⅰ.①图… Ⅱ.①北… Ⅲ.①盆景—观赏园艺—中国—图解 Ⅳ.①S688.1-64

中国版本图书馆CIP数据核字（2019）第234982号

责任编辑：杜　洁　李玲洁
书籍设计：韩蒙恩
责任校对：李美娜

图说中国盆景艺术

北 京 植 物 园　编著
张宝鑫　魏钰　李凯

＊

中国建筑工业出版社出版、发行（北京海淀三里河路9号）
各地新华书店、建筑书店经销
北京点击世代文化传媒有限公司制版
北京富诚彩色印刷有限公司印刷

＊

开本：880×1230毫米　1/32　印张：6¾　字数：124千字
2020年1月第一版　2020年1月第一次印刷
定价：58.00 元
ISBN 978-7-112-24449-2
　　　（34932）